走进
奇妙的
繁花国度

鸣谢：
植物学家埃莉萨·拜奥迪、斯科特·泰勒
邱园（英国皇家植物园）
花卉与野生动物专家芭芭拉·泰勒

这颗金色鳞茎藏在书中的 15 个地方，
你能全部找出来吗？
小心会有"伪装者"哟。

走进
奇妙的
繁花国度

[以]尤瓦·左默 / 著绘

范晓星 / 译

上海人民美術出版社

目录

花花家族

花也有家族吗？

开花植物也许没有爸爸妈妈、兄弟姐妹，但根据它们的形态和结构特征，可以分为不同的家族。同一家族的花花在生长方式和外形上会有一些共同点。

鳞茎家族

郁金香和百合都属于鳞茎家族。它们是从鳞茎发育而来的，就像大蒜、洋葱和水仙那样！

雏菊家族

雏菊家族（菊科）是双子叶植物的第一大家族，向日葵、雏菊、蒲公英和金盏花都属于这一家族。

尖刺家族

尖刺家族（仙人掌科）植物的叶子都退化成了尖尖的小刺，它们可以在地球上最干旱的地方生长。

豆荚家族

豌豆、鹰嘴豆、花生和小扁豆——这类豆荚家族（豆科）的植物开的花都像蝴蝶一般。

兰花家族

兰花家族（兰科）中有许多色彩丰富、气味芬芳的种类，它们遍布世界各地。

果果家族

覆盆子、苹果、樱桃，还有扁桃和玫瑰，都属于果果家族（蔷薇科）。

花的构造

花有什么作用？

花的主要功能是帮助植物繁殖。花可以结出种子，种子又能长成新的植物。

吸引昆虫

花瓣通常明亮显眼，色泽鲜艳，可以吸引喜欢花蜜的传粉者。这些传粉者在种子形成的过程中起着重要作用（见第 10 页）。

结出种子

一朵花需要完成传粉过程，才能结出种子。花粉是很细的粉状物，由花的雄蕊制造。

花粉会从雄蕊传送到雌蕊的柱头上。这个过程一般需要传粉者的帮助。

花粉沾到花的柱头上，结种过程就开始了。

支持系统

花萼是花瓣外面绿色的部分。它们可以保护幼小的花蕾，支撑花瓣。

花粉

雄蕊

花萼

柱头

花瓣

子房

长大

茎从种子里长出，朝着阳光的方向，把水和营养输送到植物的其他部分。

茎

根系

制造糖分

叶子从阳光中吸收能量，生成糖分，同时释放氧气，这个过程叫作光合作用。

坚实的基础

根可以保证植物固定在一个位置，不会倒下，还可以从土壤里吸收水和养分，帮助植物生长。

叶 脉

9

传粉者

传粉者是做什么的?

传粉者,例如蜜蜂、蝴蝶和鸟,做着很重要的工作,它们将花粉从雄蕊传到雌蕊上。花朵里的花蜜对这些传粉者来说极具吸引力。当传粉者们停下来吸食花蜜的时候,花粉就会沾在它们身体上,然后被它们带到植物的雌蕊上。

夜晚的视力

颜色较淡的花通常由夜行昆虫,如飞蛾来传粉,它们在漆黑的夜晚也能轻松地找到花的位置。

用脸传粉

蝙蝠会用舌头舔舐芒果花和香蕉花的花蜜,之后它毛茸茸的脸上就沾满了花粉。

长长的喙

刀嘴蜂鸟有着长长的喙，刚好可以吸取管状花朵里面的花蜜。

超级传粉者

食蚜蝇是水果作物和野花最重要的传粉者之一。

花粉篮

蜜蜂的后腿上有绒毛围绕而成的小小的凹槽，可以收集花粉。

五颜六色的花

为什么玫瑰是红的，紫罗兰是蓝的？

大多数植物的花颜色鲜艳，在长满绿草的花园或原野上非常醒目，容易被传粉者看到。花瓣上的线条和图案可以告诉传粉者该在哪里降落停留。

色盲——小蜜蜂

蜜蜂看不到红色，但它们可以看到蓝色、青色、黄色，甚至我们人类看不到的紫外线。蜜蜂通常喜欢拜访蓝色和紫色的花朵。

停在这儿吧！

蓝色鸢尾花的花瓣中心是黄色的，能吸引昆虫。

花蜜向导

月见草的花瓣上有明显的线条状花脉，可以引导飞蛾找到花蜜。

花鸟一家

鸟类传粉者被颜色绚丽的花朵吸引——尤其是红色的花。蜂鸟喜欢红色的倒挂金钟，新西兰的图伊鸟则钟情于麻兰。

降落区域

柳穿鱼的花冠是明黄色的，熊蜂一眼就能发现它的位置。

13

花的妙用

花有什么用处？

花可以用鲜艳的颜色或浓郁的香气来吸引传粉者，然后结出种子，繁殖后代。不过人类逐渐发现花还有许多其他有趣的用途。

微小但伟大

近几十年来，人们利用长春花中的提取物研制对抗癌症的药物。

养生花茶

像松果菊和洛神花（玫瑰茄）可以用来做茶饮，提高身体免疫力，让你变得更强壮、更健康。

阿嚏！

有些花可以入药，但也有些花会让人产生不适。豚草和橡树的花粉会导致"花粉热"（一种因接触花粉类的抗原而引起的过敏性疾病）。

古方疗愈

几千年前，人们就利用薰衣草来缓解肌肉酸痛。古罗马人曾用薰衣草花来沐浴。

捕蝇草

捕蝇草的菜单上都有什么？

　　这种小小的、有点吓人的植物就是捕蝇草。捕蝇草是食虫植物，它不仅会吃苍蝇、蚊子，也会吃蜘蛛、甲虫，甚至蛞蝓（kuò yú），不过它们最喜欢的还是蚂蚁，好吃极了！

独一无二

　　世界上只有一种捕蝇草，原产地为美国东海岸的亚热带湿地。

打开，关上！

　　捕蝇草的"捕食陷阱"可以打开、关上，但几次之后就会枯死或者掉落。接着，捕蝇草的茎上会再长出一个新的"捕食陷阱"。

啪！

　　有猎物靠近时，捕蝇草的叶子会像蚌壳那样"啪"的一下就关上，完美地将猎物困住。

陷阱捕虫

　　当昆虫碰到叶子里面超过 2 根绒毛时，捕蝇草的"捕食陷阱"就会在不到 1 秒的时间内迅速关上。

玫 瑰

谁喜欢玫瑰?

古埃及人喜欢玫瑰!考古学家在古埃及的陵墓里发现了距今 5000 多年的玫瑰花环。其实,人类很早以前就开始种植玫瑰了。

带刺的铠甲

玫瑰茎上长有非常尖的刺,这可以保护它不被那些爱吃植物的动物吃掉。

美丽又昂贵

世界上最昂贵的玫瑰是朱丽叶玫瑰。它是著名的玫瑰培育师大卫·奥斯汀花了多年时间,耗资 300 万英镑(折合人民币约 2500 万元)培育出来的美丽品种。

百万英镑

发射！

航天员在太空种了粉色的玫瑰，叫"不眠芳香"。在微重力条件下，花产生的挥发性物质较少，所以这种花跟地球上生长的相同品种的玫瑰花闻起来不一样。

饥渴的玫瑰

玫瑰喜水，平均一朵玫瑰花的生长需要耗费 15.4 升水！

帝王花

帝王花真的很古老吗？

帝王花家族早在大约 9000 万年前的恐龙时代就已经存在了。90% 以上的帝王花都生长在南非。

蜜罐罐

帝王花也叫作"糖灌木"，因为它的花中有特别多的花蜜。南非食蜜鸟总也吃不够。

准备好了吗？起飞！

火箭针垫花和帝王花同属山龙眼科，它的颜色有明黄色、深橙色或猩红色的，看起来像飞向太空的火箭。

慢性子的花

雪球帝王花非常罕见，只生长在南非，是当地的特有品种。它会绽放得非常缓慢，花序存在的时间也很长。

富贵华丽的花

帝王花是南非的国花，直径可达 30 厘米。对于经常来拜访它的客人——好望角蜜蜂来说，这么大的花产生的花蜜，真是一顿丰盛的自助餐啊。

21

樱 花

樱花树的名字怎么来的?

樱花树的名字来自它那美得无与伦比的花朵以及果实。日本有不少著名的樱花树品种。

春日惊喜

樱花开在春天,新叶没有萌发之前。微风拂过,花瓣落下,飞舞旋转,轻如雪花,好一派落英缤纷的景象!

娇小而华丽

　　樱花一般是白色或者粉色的，每朵花一般有 5 片精致的小花瓣，但也有些品种的樱花有 20 多片花瓣。

古老而睿智

　　大部分樱花树能存活 50 多年，有些甚至能存活 100 年。日本实相寺有一棵最古老的樱花树，据说已有近 2000 年的树龄。

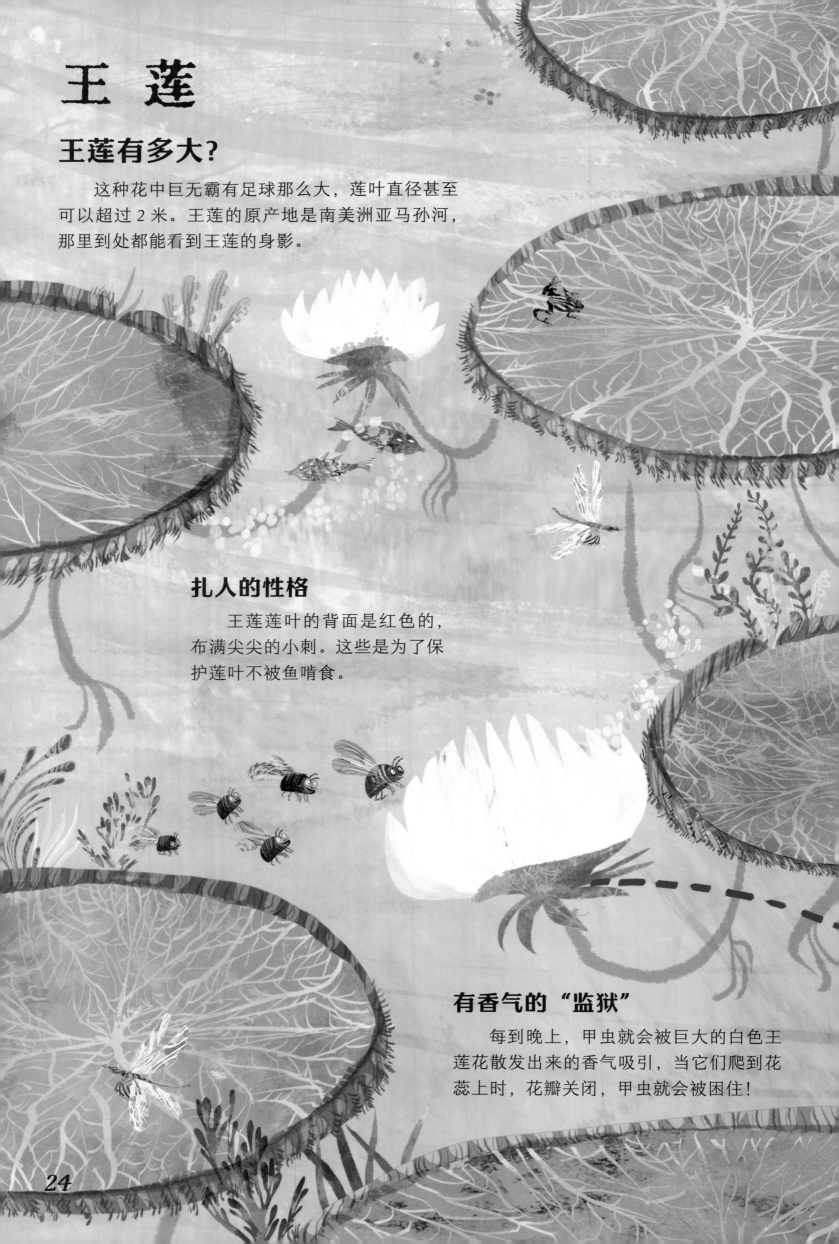

王莲

王莲有多大？

这种花中巨无霸有足球那么大，莲叶直径甚至可以超过 2 米。王莲的原产地是南美洲亚马孙河，那里到处都能看到王莲的身影。

扎人的性格

王莲莲叶的背面是红色的，布满尖尖的小刺。这些是为了保护莲叶不被鱼啃食。

有香气的"监狱"

每到晚上，甲虫就会被巨大的白色王莲花散发出来的香气吸引，当它们爬到花蕊上时，花瓣关闭，甲虫就会被困住！

莲叶何田田

王莲的莲叶有很多小小的气囊，这让它的浮力足以承受25千克的重量——这相当于一个7岁小孩的体重！

水雉

水雉是一种鸟，它的脚很大，脚趾很长，觅食的时候可以很轻松地在王莲、荷花等植物的叶片上行走。

一夜过后，王莲花会变成粉色，甲虫全身也沾满了花粉。

早晨，花瓣张开，甲虫就可以飞到另一朵花上去传粉。

25

猪笼草

猪笼草里面有什么？

猪笼草生长的土地大多较为贫瘠，因为土壤中缺少养分，所以它们进化出了捕食器官来捕捉昆虫等小动物或者吸收动物粪便中的养分，以此来获取营养。你看它的形状，像不像一个笼子？所以它们的中文名字叫作"猪笼草"。

臭臭的零食

马来王猪笼草喜欢吃以植物花蜜为食的老鼠的粪便，这种老鼠粪便营养丰富。

蝙蝠的卧室

生长在婆罗洲的猪笼草形状很特别，刚好适合当地的蝙蝠白天在里面舒舒服服地睡觉。

诱人的香气

猪笼草的香气可以吸引猎物。

它会"吞下"被吸引来的任何小动物，从昆虫到老鼠，甚至还有青蛙。

"狡猾的蛇"

还有一种跟猪笼草捕食方式很像的植物——眼镜蛇瓶子草，它很聪明，会在靠近红色"舌头"的"瓶口"处铺一条布满花蜜的坡路，这样苍蝇和甲虫就会沿着坡路爬到"瓶口"，一不小心就会落入"瓶"中。

野 花

花都是野生的吗？

未经人类照料，自由生长的花叫作"野花"。很多野花在完成开花和结籽的过程后，就完全枯死了。

你要加点胡椒粉吗？

虞美人的花瓣凋谢以后，花朵顶部会变成胡椒罐的形状，里面装满了种子，风吹过便将种子带到一片新的土壤。

吸引蜜蜂的"磁铁"

初夏时节，毛地黄开始在森林里生长，小蜜蜂最喜欢它们的花蜜啦，怎么采都采不够。

凑近看看

矢车菊的花是明亮的蓝色，它的每一片花瓣实际是由很多更小的花朵组成的。

蝴蝶的自助餐

牛眼菊的中心是黄色的，全是花蜜。蝴蝶非常喜欢在牛眼菊花丛中流连。

仙人掌

开花植物能在沙漠里生长吗？

所有仙人掌类的植物都开花——没有花，它们就无法繁衍后代。可是开花需要很多水，而水在沙漠里是稀缺资源。仙人掌的花只开几个小时或几天，这样才不至于失去太多水分。

甜蜜而扎人

巨人柱是仙人掌家族中体形最大的成员之一。它的花在夜晚绽放，第二天下午凋谢。巨人柱的花蜜很甜，是墨西哥长吻蝙蝠喜欢的食物。

王冠的辉煌

强刺球开黄色和红色的花，花朵在它的顶上围成一圈，就像一顶王冠。它的刺长得像鱼钩。

在深夜绽放！

很多仙人掌都是夜间开花，这是自然进化的结果。

值得的等候

大王阁（又叫管风琴仙人掌）的寿命很长，可以活150多年，直到第35年才第一次开花。

31

向日葵

向日葵需要特别多的阳光吗？

向日葵每天需要接受至少 6 个小时日照。它得到的阳光越多，就长得越好。处于生长期的向日葵，它的花蕾整天都会随着太阳的方向转动，捕捉尽可能多的阳光。

不要晕哟！

向日葵花看上去是单独的一朵花，实际是由上千朵小花组成的花序。花序中的花由外向内逐渐成熟，大致呈螺旋生长的态势。

好吃的葵花籽

向日葵的种子需要80至 100 天才能成熟，是老鼠喜欢吃的零食。

长个儿啦！

向日葵是生长最快的植物之一，6 个月就可以长到 1.5 米高，有的甚至能长到 3 米高。

人工种植和野外生长

人工种植的向日葵的茎比较粗，有一个大花序。野生向日葵的茎分叉，花序比较小，种子也更小。

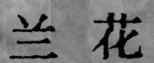

兰花

兰花长得都一样吗？

兰花种类繁多，形状各异，大小也不尽相同。有些兰花的根长在树上，这样可以更好地吸收空气中的水分。

完美的搭配

马达加斯加岛的大彗星兰有 25 ～ 30 厘米长的花距。著名博物学家查尔斯·达尔文当年考察时曾猜测，大彗星兰的传粉者一定有与之相适配的长口器。

他猜对了！马岛长喙天蛾的口器正好那么长，可以给大彗星兰传粉。

兰花种类繁多，形状各异，大小也不尽相同。有些兰花的

迟开的花

国王兜兰要生长数年才能开花，一次最多可以开6朵大花。它长在婆罗洲基纳巴卢山的山坡上。

小心吸血鬼的牙齿！

猴面小龙兰又叫吸血鬼兰，它的这个别名源自著名的吸血鬼传说，因为它的花瓣是血红色的，并且花萼顶端又长又薄，看起来像吸血鬼的獠牙。

腕足开花

章鱼兰的名字来自其长长的、摆动的花瓣，看起来就像章鱼的腕足！

藤藤蔓蔓

为什么藤蔓是攀缘生长的？

藤蔓的茎叶依附在其他植物上生长，它们比较柔弱，需要帮助才可以向上生长。很多藤蔓生长在森林里，这样可以攀附着大树的树干向上生长，吸收阳光。

弯弯的卷须

蜗牛藤的名字由来显而易见，它那螺旋形的花蕾形似蜗牛壳。蜗牛藤的花苞是一串串的，在茎上悬挂着，有些长达 30 厘米。

荷包牡丹

荷包牡丹的藤上开出心形的花朵。花的外层是白色的花瓣，中间是很小的红色内瓣，形状像一滴血。

"欺负人"的花

凌霄的别名叫作"橙色的坏蛋",因为它可以用气根攀附在其他植物上。

绽放的颜色

百香果是草质藤本植物,长得很快,开的花绚丽无比。百香果花的直径可达10厘米,花瓣呈蓝紫色,花心有绿黄色的雄蕊和紫色的柱头。

臭臭的花

什么味儿呀?

有些花散发出的气味如同腐臭的肉发出的味道,其实这是为了吸引腐食性传粉者,如食肉蝇、食腐甲虫等。

臭气熏天

巨魔芋要生长好几年才开花,而且开花后没几天就会凋谢。巨魔芋开花时会产生热量,它的肉穗花序温度可达 36.5℃。高温有利于将巨魔芋花那臭肉一样的特殊气味散布得更远,这样一来,那些腐食性传粉者就会想:"嗯,又有动物尸体可以吃啦。"

越大越好

那些臭气熏天的花通常长得很大,而且毛茸茸的。这是为了让贪婪的食肉蝇上当,它们最喜欢寻找大块头的动物死尸来大快朵颐。

两日陷阱

大花马兜铃开花时形似鹈鹕，所以又被称为"鹈鹕花"，它的开花过程只持续两天。第一天，花朵绽放，用气味吸引虫子进入花囊。第二天，花朵枯萎，全身沾满花粉的虫子被释放出来。

巨大的小偷

世界上最大的花是阿诺德大花草（又名大王花），直径超过1米。它没有根、茎、叶，而是用丝线一般的器官从其他植物那里吸取养分。

鹤望兰

这种花的名字缘何而来？

此花若一见，平生难相忘！你看，这些绽放的花是不是活脱脱就像一只只远眺的仙鹤。也有人称它为天堂鸟，因为这种颜色鲜艳的花与天堂鸟的羽毛相似。

华丽的花

鹤望兰每朵花是由 3 片向上的橙色花萼以及 3 片鲜艳的蓝色花瓣组成的。

超凡脱俗

鹤望兰的花梗从扇页状叶片的掩映中伸出，花朵就盛放在总花梗上。鹤望兰的花梗高度能达到 1.5 米。

小鸟来传粉！

鹤望兰由太阳鸟等小型鸟类来传播花粉。

可以吃吗？

鹤望兰跟芭蕉科植物是近亲！它那光亮且肥厚的叶子是不是很像小芭蕉叶？可是，它们不能吃哟！

郁金香

世界上有多少种郁金香？

世界上有几千种郁金香，色彩丰富，几乎每种颜色都有，有些品种的郁金香甚至是双色或多色的。

"骗人"的郁金香

郁金香看起来有 6 片花瓣，但实际上它的花朵是由 3 片花瓣和 3 片萼片组成的。

鳞 茎

美丽的郁金香是从鳞茎开始成长起来的。鳞茎是一个圆圆的地下茎，它可以储存营养。

喜欢太阳的花

郁金香喜欢阳光，放在花瓶里的郁金香甚至都会朝着太阳的方向伸展。

寒冷的冬天

郁金香的鳞茎需要在低温下让花芽正常发育。深秋时节将郁金香的鳞茎埋进土里，让它在土壤里度过整个冬天，来年它就会开出美丽的花。

凤梨花

什么是凤梨花？

凤梨花是生活在热带雨林的一种开花植物，有的悬挂在其他植物上，也有的直接从地面长出。有的凤梨花开花后能结出可食用的凤梨，有的只开花不结果。

时尚品位

凤梨花的叶子上能看到条纹或者斑点，花的颜色五彩缤纷，还有长长的花梗。

永远开放的花

有些品种的凤梨花总在不断地开花，这是因为母株旁边会长出新的分株——小凤梨花。

44

积水凤梨

积水凤梨的叶片呈螺旋状分布，叶心可以存聚水分，就像一个小碗。一棵积水凤梨的叶心储水量可以达到好几升。

自然的保育院

箭毒蛙在积水凤梨的叶心积水区里产卵，小蝌蚪安全地在里面生活，它们吃藻类和蚊子的幼虫——孑孓（jié jué）。

种子和种子传播

种子是如何旅行的？

　　种子离开母体后，会去到很远的地方，寻找自己成长所需要的空间、阳光、水和营养。它们有的靠风，有的靠水，还有的在动物的身上或者肚子里（被吃掉）搭便车。有的植物甚至会靠果实爆炸，让种子飞散到四面八方！

偷渡者

　　牛蒡、猪殃殃和毛茛的果实上有小小的倒钩，可以像魔术贴那样粘在动物的毛发上。

三二一，嘣！

　　有些植物，比如亚麻花，会有种荚。种荚会在某个时刻突然爆开，将里面的种子发射出去。

了不起的飞行家

楸树的种子从树上旋转着落下，就像一架架小直升机。蒲公英和乳草的种子轻轻的、毛茸茸的，可以在风中飘荡。

搭便车

五颜六色的果子引来了饿着肚子的小动物们。果皮、果肉被动物消化，种子则在这个过程中开始萌发。当它们被动物从体内排出后，落地就直接生长了。

危险的和致命的

植物如何保护自己？

如果遇到敌人，植物可不能像动物那样逃跑，但它们也有妙招。植物会用化学毒素来对付某些昆虫甚至是一些稍大的动物。这些毒素对人类来说也可能是危险甚至致命的！

甜甜的毒药

夹竹桃是毒性最强的植物之一，食用夹竹桃花蜜酿成的蜂蜜可能引发食物中毒。

用于谋杀的植物

颠茄全身都有毒。历史上有不少著名的皇帝、国王都是被它毒死的。

宠物小心！

对于狗狗、猫咪等小动物来说，杜鹃花也是有毒的，这种植物毒性最强的部分是它的花蜜。

女巫的花

秋番红花是非常特别的植物，在未长出叶子之前，它的花先从地里长出。它具有致命的毒性。

英国皇家植物园——邱园

植物学家是怎么工作的？

你知道吗，位于伦敦的英国皇家植物园——邱园拥有世界上种类最为丰富的植物收藏。在这里，植物学家和其他科学家一起工作，培育和保护全球的植物。

学习与教学

植物学家会不断发现和辨别新物种，研究全球气候变化对植物栖息地的影响。

保护性培育

植物学家在保育房里培育和研究濒危植物，避免这些濒危物种灭绝，保护植物的物种多样性。

探索与发现

勇敢的植物学家们会奔赴世界各地进行野外考察和研究。他们每年都在寻找新的植物，并常年持续观测和记录植物的成长过程。

花花与我们

花能表达什么？

自古以来，人们就通过鲜花来传递爱、友谊和慰藉。

自然的智慧

对于佛教徒来说，莲花代表着睿智，佛教艺术中常用莲花来代表佛祖。

永远快乐

在印度的传统婚礼仪式上，宾客们将鲜花花瓣撒在新婚夫妇的身上作为祝福。

墨西哥万寿菊

在墨西哥一年一度的亡灵节上，人们用颜色鲜艳的万寿菊来装饰逝去亲友的祭台。

浪漫的密码

每种花都有自己的花语。在 18 世纪，情侣之间可以通过送给对方一束花来传递秘密消息。嘘！

拯救花花世界

为什么植物需要我们的帮助？

植物通常生长在很脆弱又很独特的栖息地。有的植物只能在特定环境中生长，很容易因为人类活动破坏或者摧毁当地环境而面临危险。

弱小与消失

世界上最小的睡莲——侏儒卢旺达睡莲，曾经只生长在卢旺达的温泉附近。现在这种睡莲已经在野外灭绝，但植物学家们正在努力通过人工培育将这种睡莲重新引入野外。

伪装危险

罗德里格斯茜草来自印度洋罗德里格斯岛,那里曾是巨型陆龟的故乡。很多年前,科学家们曾认为罗德里格斯茜草已经灭绝,但是 1979 年一名小学生发现了最后一株幸存的罗德里格斯茜草。后来,植物学家成功帮助它生长、繁殖起来。

悬崖上的颜色

鲜艳的蓝色岛风铃是通过壁虎传粉的,壁虎喜欢它色彩鲜艳的花蜜。这种植物在毛里求斯的悬崖瀑布边生长。

55

亲手打造小花园

没有花园我们能种花吗?

我们可以在窗台或者阳台上种花。找一个空的酸奶瓶,在瓶身上面画一些画或者贴一些贴纸来装饰,一个漂亮的花盆就做好了。

长水果的旧雨靴

就连一双臭臭的旧雨靴,都有可能种出果实!将废旧雨靴的鞋帮和鞋底剪出洞洞,在靴子里装满混合肥料土,把草莓种子种下去,按时浇水,接下来就等着收获草莓吧。

甜甜的爬藤

在一盆土里插 3 根竹竿，将它们的顶部用橡皮筋固定起来。在每根竹竿的底部种一粒甜豌豆的种子。等豌豆幼苗长出来后将它们缠绕在竹竿上，接下来它们就会沿着竹竿向上生长。

向着太阳生长！

在一个花盆里装满土，用小棍子在土里挖一个洞，洞里放一粒葵花籽，并让土壤保持湿润。大概 3 周以后，向日葵就会发芽了。将向日葵的茎跟竹竿绑在一起——向日葵会长得比你还高！

找一找

你找到这 15 幅图里的金色鳞茎了吗?

20~21 帝王花

14~15 花的妙用

28~29 野花

16~17 捕蝇草

30~31 仙人掌

18~19 玫瑰

32~33 向日葵

花花物语

做个懂花的小专家！

栖息地

栖息地是生物的个体、种群和群落所在的场所，也是植物或者动物在自然界的家。

生物多样性

生物多样性指在一定时间和一定地区所有生物（动物、植物、微生物）物种及其变异体、生态系统和生态过程的复杂性总称。

发 芽

发芽指种子成长为幼苗。

光合作用

　　光合作用是植物从阳光中获取能量，吸收二氧化碳和水，制造有机物并释放氧气的过程。

营 养

　　营养物是动物和植物健康茁壮成长需要的化学物质。大多数植物通过根从土壤里获得营养。

传 粉

　　成熟的花粉由雄蕊花药中散出后，被传送到雌蕊柱头上或胚珠上的过程。有自花传粉和异花传粉两种方式。

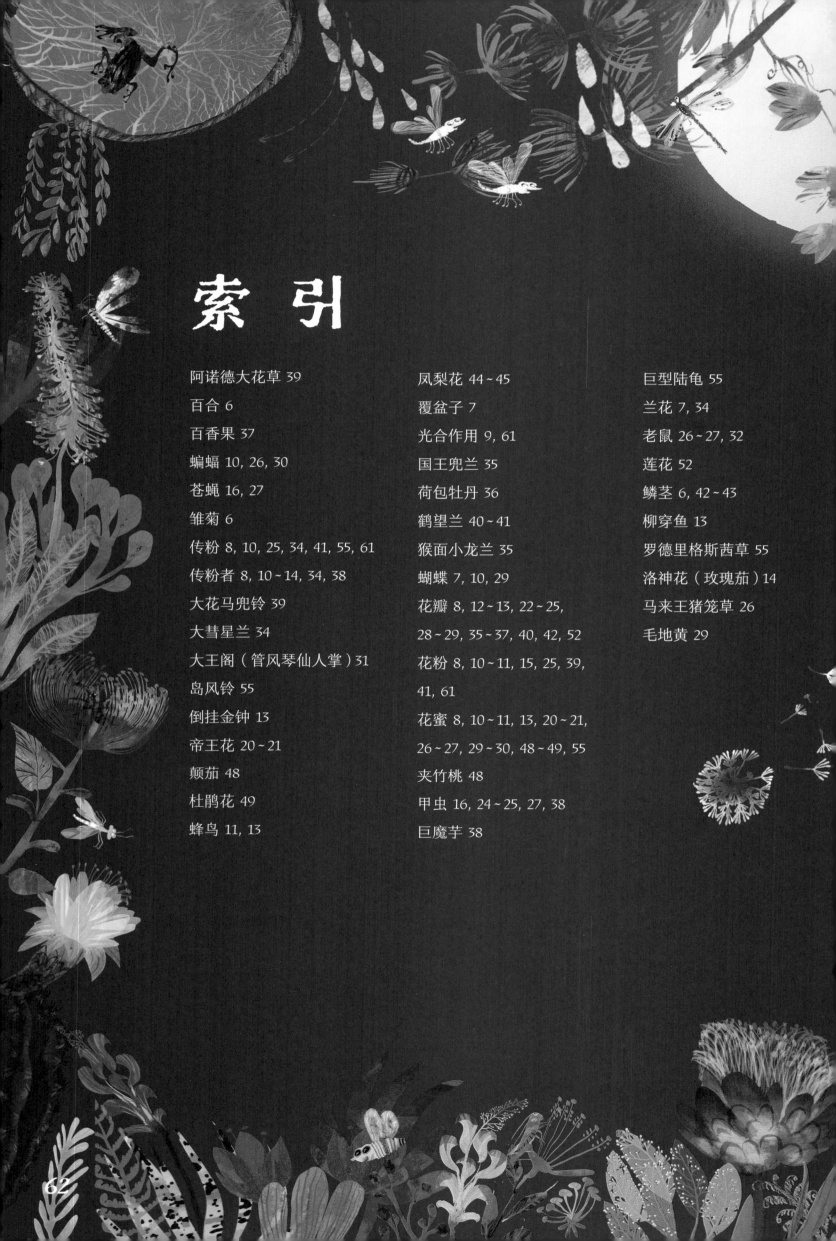

索 引

送给我的妈妈，以我全部的爱。
特别感谢英国皇家植物园——邱园的埃莉萨和斯科特。

图书在版编目（CIP）数据

走进奇妙的繁花国度 / （以）尤瓦·左默著绘；范
晓星译. -- 上海：上海人民美术出版社，2023.4
书名原文：The Big Book of Blooms
ISBN 978-7-5586-2656-2

Ⅰ. ①走… Ⅱ. ①尤… ②范… Ⅲ. ①花卉—儿童读
物 Ⅳ. ①S68-49

中国国家版本馆CIP数据核字(2023)第053505号
著作权合同登记号：图字09-2023-0241

走进奇妙的繁花国度

著　者：[以]尤瓦·左默
译　者：范晓星
责任编辑：罗秋香
策划编辑：汪　沁
装帧设计：康苗苗
美术编辑：熊灵杰
出版发行：上海人民美术出版社
地　址：上海市闵行区号景路159弄A座7楼
邮　编：201101
网　址：http://www.shrmbooks.com
印　刷：恒美印务（广州）有限公司
开　本：787×1092　1/8　9印张
版　次：2023年4月第1版　2023年4月第1次印刷
书　号：ISBN 978-7-5586-2656-2
定　价：108.00元

THE BIG BOOK OF BLOOMS

Published by arrangement with Thames & Hudson Ltd, London
The Big Book of Blooms © 2020 Yuval Zommer
This edition first published in China in 2023 by Dolphin Media Co., Ltd, Wuhan
Simplified Chinese Edition © 2023 Dolphin Media Co., Ltd
本书简体中文字版权经英国Thames & Hudson出版社授予海豚传媒股份有限公司，由上海人民美术出版社独家出版发行。
版权所有，侵权必究。

策　　划：海豚传媒股份有限公司
网　　址：www.dolphinmedia.cn　　邮　箱：dolphinmedia@vip.163.com
阅读咨询热线：027-87391723　　销售热线：027-87396822
海豚传媒常年法律顾问：上海市锦天城（武汉）律师事务所
张超　林思贵　18607186981